中国少年儿童科学普及阅

探索·科学百科™

中阶

机器人的世界

1级A2

探索·科学百科

[澳]尼古拉斯·布拉克⊙著

韦玉珏(学乐·译言)⊙译

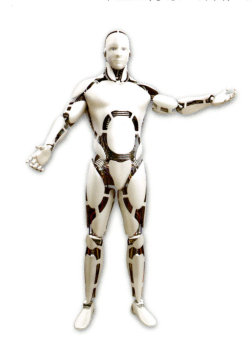

Discovery
EDUCATION™

全国优秀出版社
全国百佳图书出版单位
广东教育出版社

广东省版权局著作权合同登记号

图字：19-2011-097号

本书原由 Weldon Owen Pty Ltd 以书名*DISCOVERY EDUCATION SERIES · Robots of the Future*（ISBN 978-1-74252-151-0）出版，经由北京学乐图书有限公司取得中文简体字版权，授权广东教育出版社仅在中国内地出版发行。

图书在版编目（CIP）数据

Discovery Education探索·科学百科. 中阶. 1级. A2，机器人的世界 /［澳］尼古拉斯·布拉克著；韦玉珏（学乐·译言）译. —广州：广东教育出版社，2012.6

（中国少年儿童科学普及阅读文库）

ISBN 978-7-5406-9075-5

Ⅰ.①D… Ⅱ.①尼… ②韦… Ⅲ.①科学知识—科普读物 ②机器人—少儿读物 Ⅳ.①Z228.1 ②TP242-49

中国版本图书馆 CIP 数据核字(2012)第086430号

Discovery Education探索·科学百科（中阶）
1级A2 机器人的世界

著 ［澳］尼古拉斯·布拉克　　　译 韦玉珏（学乐·译言）

责任编辑 张宏宇　李　玲　　助理编辑 能　昀　李开福　　装帧设计 李开福　袁　尹

出版 广东教育出版社

　　　地址：广州市环市东路472号12-15楼　邮编：510075　网址：http://www.gjs.cn

经销 广东新华发行集团股份有限公司　　　　　　印刷 北京顺诚彩色印刷有限公司

开本 170毫米×220毫米　16开　　　　　　　　　印张 2　　　　字数 25.5千字

版次 2016年3月第1版　第2次印刷　　　　　　　装别 平装

ISBN 978-7-5406-9075-5　　　定价 8.00元

内容及质量服务 广东教育出版社 北京综合出版中心

　　　　电话 010-68910906 68910806　　网址 http://www.scholarjoy.com

质量监督电话 010-68910906 020-87613102　购书咨询电话 020-87621848 010-68910906

Discovery Education 探索·科学百科（中阶）

1级A2 机器人的世界

全国优秀出版社
全国百佳图书出版单位

广东教育出版社 学乐

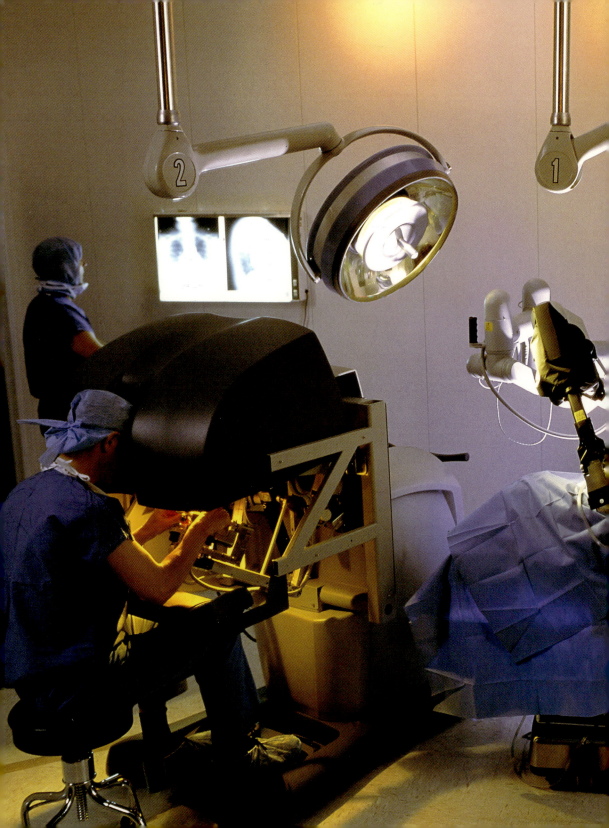

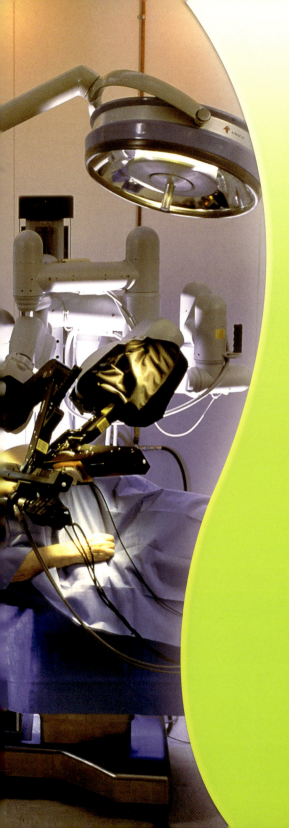

目录 | Contents

机器人的类型

机 器人的类型多种多样，各不相同。有些是为了让人类工作更加简易或安全才制造出来的。有些则是为了娱乐消遣。人类总是操控机器人，决定它们可以操作什么或是怎么工作。有些机器人由人类设计的电脑程序控制，而另一些则要通过遥控装置操纵。

人形机器人

人形机器人是一种外形类似人类的机器人。有些机器人仅有一些基本的自然特征，而另一些机器人还拥有一些人类的感觉，如触觉、视觉和听觉。

机器臂

机器臂是一种拥有一些许活动关节的机器人，类似人类的手臂。比起人类，它们完成工作的速度更加快捷，也更加精准、可靠。机器臂最常用于工厂。

轮式机器人

有些机器人要完成一些对人类来说异常危险或是困难的工作。排雷机器人可以探测炸弹或是地雷的存在——它们的工作可以避免让人置身生命威胁当中。

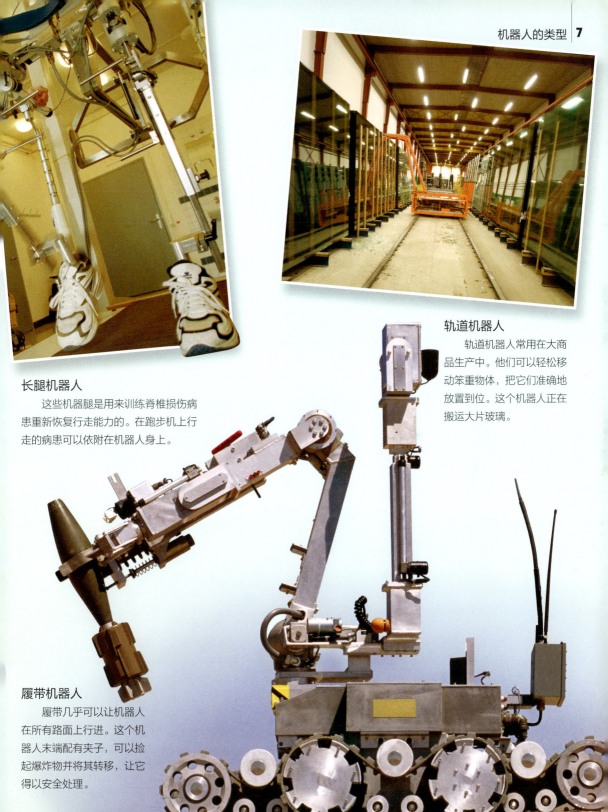

轨道机器人

    轨道机器人常用在大商品生产中。他们可以轻松移动笨重物体，把它们准确地放置到位。这个机器人正在搬运大片玻璃。

长腿机器人

    这些机器腿是用来训练脊椎损伤病患重新恢复行走能力的。在跑步机上行走的病患可以依附在机器人身上。

履带机器人

    履带几乎可以让机器人在所有路面上行进。这个机器人末端配有夹子，可以捡起爆炸物并将其转移，让它得以安全处理。

机器人的构造

虽说机器人种类繁多，但大多数都拥有一个配备了能运动的独立部件的主体。这些部件常会模仿人类的动作。例如，机器臂拥有可动关节，可以像人类的肘关节、腕关节一样作出动作。一些人形机器人可以用脚走路，也能用手捡起物体。

光传感器

光传感器能探测机器人周边物体反射的可见光或红外光。这一功能让机器人可以驶向或是避开其他物体。

声音传感器

声音传感器可以探测到物体反射过来的声波。它可以提供更多关于机器人周边环境的信息，让机器人可以判断出距离某一事物有多远。机器人也能装置语音识别设备，让它们可以对人声指令作出反应。

压力传感器

部分机器人装有压力传感器，与人类触感类似。这些传感器通常有两个用途。当碰触到某物的时候，它们可以让机器人知晓而改变行进方向；它们还能让机器人的手臂和手掌准确地抓住、捡起物件。

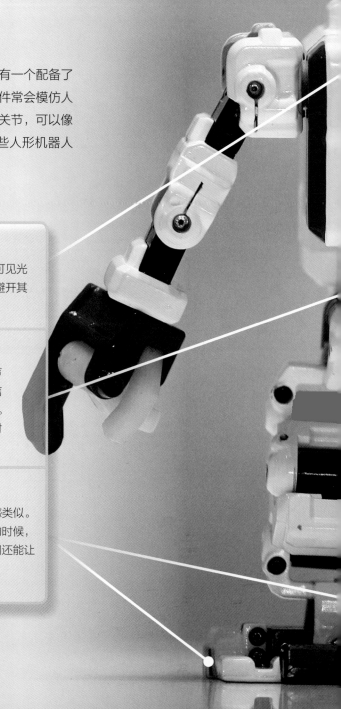

内置能源

　　机器人必须通过能源来支持运转。一些机器人使用蓄电池，另一些使用太阳能电池，它可以将光线转变为能源。不过，机械机器人是通过上发条来获取能量的。

内部控制器

　　每个机器人都有一个控制器，主要为电脑操作系统。它包含让机器人执行任务和命令的所有信息。对机器人来说，控制器等同于人类的大脑。

机器人操控

　　诸如"旅居者"火星车之类被发送到其他星球的机器人内部都装有控制器，但是它们也能被地球遥控操作。机器人配置的摄像头可以将图像发回地球，基于这些图像，操控者可以决定机器人应该向哪里移动，应该执行什么任务。

工业机器人

机器人用于工业的时间已有50多年。比起人类，其中一些机器人可以工作得更快更精确，另一些则可以更轻松地移动重物。机器人可以一遍又一遍地重复做着同一个工作而不会厌烦。使用机器人还有一个优点，那就是它们几乎不需要休息。虽说它们需要修理和维护，但却无需睡眠、洗澡或是回家照顾家人。

汽车制造业

德国一家汽车工厂，有450多个工业机器人在车身车间工作。部分机器人将汽车车体部件焊接在一起，而另一些则将小部件放置到位。一些机器人将激光粘合的车窗安置到位，另一些则让每辆车都灌上适量的相应类型燃料。

六轴机器人

    轴就是一个某物会围绕着它旋转的点。许多工业机器人皆有六轴。每个轴可以让机器人以某种特别的方式移动。

四号轴（轴4）

它以圆周运动方式旋转上臂，这被称为腕部转动动作。

五号轴（轴5）

它让机器人的"腕部"可以抬起、放下。

六号轴（轴6）

它让机器人的"腕部"可以以圆周运动方式旋转。

三号轴（轴3）

它扩展了机器人的垂直抓取范围。

二号轴（轴2）

它可以让机器人底部部件前后移动。

一号轴（轴1）

它让机器人可以从左向右移动。

医疗机器人

如何用机器人来帮助人类的一个最佳例子就是机器人在医疗领域的使用。在机器人手术中，机器人有时只是个小配角。比起使用传统医疗器械，医生可以利用机器人设备更快捷、更高效地完成耗时费神或高精度的工作。但是，在某些手术中——如某些心脏手术——机器人可是主角。

手术中

心脏手术是通过达·芬奇手术系统实行的。由一名外科医生人工操作机器臂。还有其他机器人系统可以对口头指令做出反应。在未来，使用机器人的医疗手术会变得更加普遍。

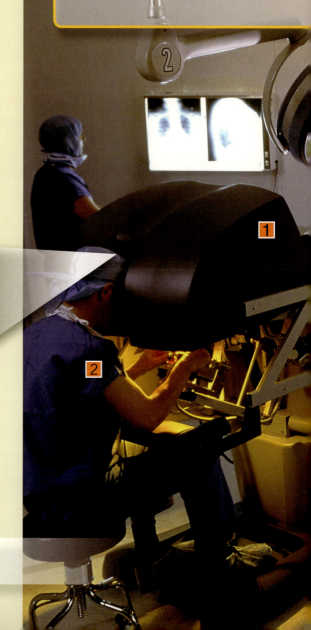

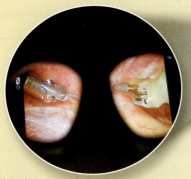

外科医生的视角

附着在机器臂上的摄像头让外科医生可以看到手术进行区域的近距离图像。

外科医生现在可以给异地病人做手术。

1　近距离观察

外科医生坐在离手术台几米外的控制台前。机器臂上附着的摄像头让医生可以看到近距离的3D高清手术画面。

2　使用操纵杆

虽说没有站在手术台前，外科医生还是保持着对手术的掌控。如同视频游戏操纵一般，外科医生通过控制杆移动机器臂。

3　多功能

机械臂拥有包括切割、缝合、移除脏器和给外科医生及其他医务人员传输图像等多种功能。

4　显示图像

手术图像被传输到显示屏上，这样协助外科医生工作的医务人员就可以知道发生了什么。

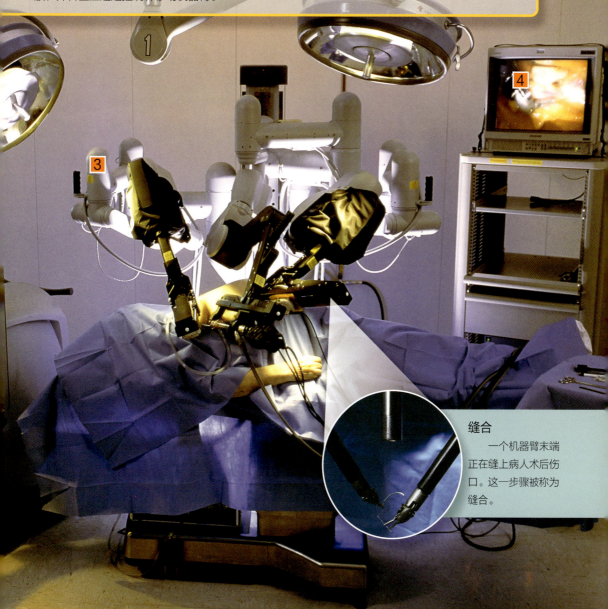

缝合

一个机器臂末端正在缝上病人术后伤口。这一步骤被称为缝合。

太空机器人

机器人常常看上去就像是从科幻作品里走出来的一样，所以它们被用于太空作业中也不奇怪。机器人在太空作业表现完美，是因为它们可以在人类仅能短时间逗留的环境里工作很长时间。从20世纪60年代起，机器人就被派往太空。其中一些机器人只是简单地飞过其他星球，把照片和其他资料发送回来而已；另一些则会登陆星球，进行大量的调查，收集样本，以发送回地球做进一步的测试。

分光仪
可以给岩石和矿物样本做详细检查。

探测者机器人

　　美国宇航局 NASA（译注：National Aeronautics and Space Administration，美国国家航空和航天局），在 2003 年的时候把两个机器人发送到火星。它们被称为火星探测登陆器（Mars Exploration Rover）（这两个探测器就是"勇气号"和"机遇号"），于 2004 年 1 月登陆，此后便近距离考察这颗"红色星球"。它们的主要任务是找到火星上曾有水存在过的证据。这两个登陆器配备了不少特别的工具。

摄像头
用来给地表拍照。

磁体
用来收集磁性灰尘颗粒。

岩石刮削器
用来刮削岩石表层，展露岩石内部。

人马怪（Centaur）

　　NASA 开发了一种被称作人马怪的宇航机器人。这是一种一半人形一半车的机器人，作为 NASA 下一代太空设备测试的一部分被用在亚利桑那州沙漠。另一 NASA 机器人，侦察兵探测者（SCOUT Rover），可以运输宇航员和设备，听从口头指令和手势指挥，接受无线遥控，还能转播通讯和图片。

人马怪和后方的侦察兵

不可思议！

　　NASA 开发出一种机器人宇航员，它的外形和运转动作都与人类宇航员类似。这种宇航员在太空驻留的时间比人类长，并能执行危险的任务。

乐高（LEGO）机器人

　　玩具品牌公司乐高在1932年创办。近些年，它发布了一些机器人模型。它们算是玩具，但拥有的一些功能却与复杂的机器人类似，如传感器、控制器和能源。这种机器人可以接收指令，与另一个乐高机器人打排球。

机器人世界杯

　　这一活动一年举行一次。参赛团队打造机器人并给它们编程，让它们和其他团队的机器人比赛足球。这一赛事的目的是用这些足球游戏来发展更高级的机器人和人工智能技术。

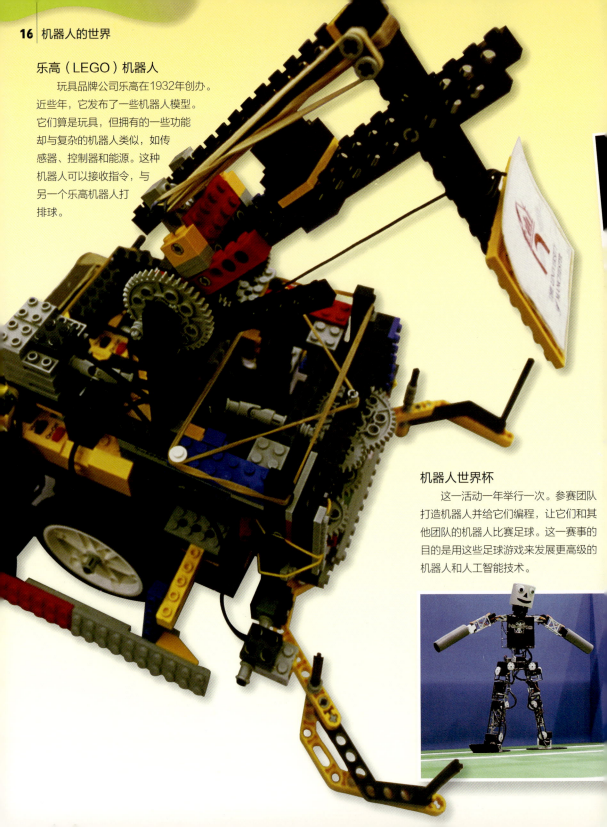

与机器人游戏

玩具机器人变得越来越流行，在日本尤其如此。有些可以通过遥控设备操控；有些则可以对声音和其他声波信号（如掌声）做出反应。虽说它们是玩具，但发明它们所需的研究和科技可以推动机器人领域研究的进步。

机器狗

机器狗的动作和反应都设计得与真实的狗狗如出一辙。它会吠叫、走路、撒娇，还能听从声音指令。它还能像真实公狗一样抬起后腿。

玩具婴儿机器人

看护婴儿（RealCare Baby）是一种充电机器人，它可以一而再地表现出婴儿的特性。它需要喂食、打嗝、摇摇抱抱，还要按点换尿布。它只对主要看护者做出反应，看护者在照看婴儿的时候必须穿上无线识别装备。

人类不敢涉足之地

机器人是涉足那些对人类来说非常危险或遥远的地方的不二人选。除了太空，水下、沙漠、火山和战区都是如此。即使人类可以进入这些区域，也不能不眠不休地超长时间工作。机器人无需饮食饮水，可以装载大容量蓄电池或太阳能电池，可以被造得能抵御酷热苦寒。

水下探测者

　　鲫鱼利摩纳2000（Remora 2000）潜水艇和超级阿基里斯水下机器人（Super Achilles ROV）常协同作业，为遇难船只或其他遗迹探索海床。潜水艇可搭载两名调查员。超级阿基里斯是一个多功能机器人，它可以给物体拍照，获取样本，还能回收沉没物体。

　　译者注：鲫鱼为一种会吸附在鲨鱼、鲸鱼和海豚等鱼类腹部过寄生生活的海洋鱼类。

但丁（Dante）火山机器人

　　这个火山机器人即使是在火山爆发的时候，也能进入火山内部。它可以获取天然气和其他样本，将这些信息转发给在安全地带的科学家。图为但丁机器人在探测美国阿拉斯加州斯普尔火山的火山口。

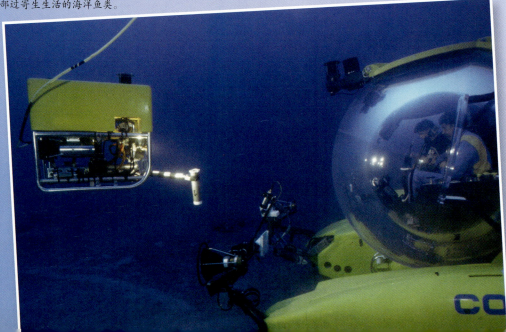

拆弹作业

    遥控机器人在安全演示中检测一只箱子。因为世界恐怖主义活动的威胁，需要拆弹机器人执行许多不同类型的作业。最常见的就是开启飞机和汽车行李箱，以及搜索地下。

家居生活也离不开它

一些机器人专家相信，未来，机器人会变成大多数家庭的常见事物。支持这一观点的主要原因便是，人们希望自己的生活变得尽可能地轻松。他们想要让某人或是某物，来完成自己讨厌的那些繁重、乏味、脏污的工作。而机器人则非常适合完成这些任务。

洗盘子

几乎没人会喜欢洗盘子，而机器人却不会抱怨。这一场景在一段时间内不会在家里变得常见。东京大学已经在开发一种机器臂，它会冲洗盘子，然后把它们放置到洗碗机里。

罗宾娜（Robina）

这个机器人向导可通过预编程序给人类访客指路、导航。

机动机器人

它可以跟随主人，搬移重物，攀越台阶，以约每小时6千米的速度行进。

小提琴手机器人

在未来，类人机器人不但会用来帮人处理重要任务，还会用作娱乐。

遛狗

造个遛狗机器人貌似有点意思，而它还有严肃的一面。有这样一个机器人对那些想要养狗为伴却没法遛狗的老人来说是件好事。这种机器人也可以用来给老人担任步行向导。

虚构故事里的机器人

要说到在虚构故事中出现的类机器人角色，可追溯至古希腊。今天，在不少书籍、杂志、电影、电视节目甚至歌曲中，机器人已成为一个流行特色。一些虚构出来的机器人给我们留下了深刻的印象。"机器人（robot）"这一词语最早是被用在一部虚构作品里。1920 年，在捷克作家卡雷尔·恰佩克（Karel apek）的一个剧本里出现。该词源于捷克单词 robata，意为"苦力"。

达莱克斯
（亦作戴立克 The Daleks）

达莱克斯是电视剧《神秘博士》（Doctor Who）中的机器人角色。虽说他们的金属的外表、呆板的动作和机械化的反应跟其他虚构出来的机器人并无二致，但他们有时会表现出一些情绪，这可不像机器人。

铁臂阿童木

1952 年，铁臂阿童木在日本一本杂志上首次亮相，之后还成为了一部电视剧和一部电影的明星。铁臂阿童木是一名对抗犯罪的人形机器人，有着超能力和火箭飞行靴。

R2-D2

R2-D2 是《星球大战》系列电影中的一个角色。他站起来的时候有 0.96 米高，靠发出喳喳声和汽笛声与别人沟通。他擅长理解复杂的计算机系统，这让他可以把他人从危险中解救出来。

终结者

　　终结者是出自系列电影《终结者》（Terminator）的人形机器人。第一代终结者由阿诺德·施瓦辛格（Amold Schwarzenegger）饰演，是一名由军方打造的训练有素的杀手。

电影《机器人历险记》（Robots）

　　《机器人历险记》是一部所有角色都是机器人的电影。许多机器人有着人类的特质，尤其是主角罗德尼·科波巴托姆（Rodney Copperbottom）和芬德尔（Fender）。

班·德（Bender）

　　班·德是电视剧《飞出个未来》（Futurama）里的一个角色。他酷似人类的个性着重集合了人类行为最糟糕的那些方面。

人工智能

人工智能——或简称 AI——是计算机科学与工程的一个分支。其目的在于创造一种程序，可以让机器人通过智能方式运行和学习。这样的机器就可以与仅能处理人类直接传递给它们的信息的电脑区分开来。人工智能机器必须能够自己思考和学习。

阿西莫（ASIMO）

阿西莫是一个人形机器人，它可以辨识人脸和手势，并以合适的个人方式作出回应。

面部识别

面部识别技术是被称为学习系统的一种人工智能的实例。这一系统让电脑有可以辨识的模式，并能基于这些模式做出判断。面部识别系统需要处理许多不同因素，并将其与数据库中的信息做对比。

深蓝

深蓝是一台为与世界最佳棋手对弈而设计的电脑。世界象棋冠军加里·卡斯帕罗夫（Garry Kasparov）在 1997 年与深蓝对弈 6 盘。电脑赢了 3 局，输了 2 局，和了 1 局。

20

25

30

35

40

45

50

55

60

65

70

75

80

85

90

95

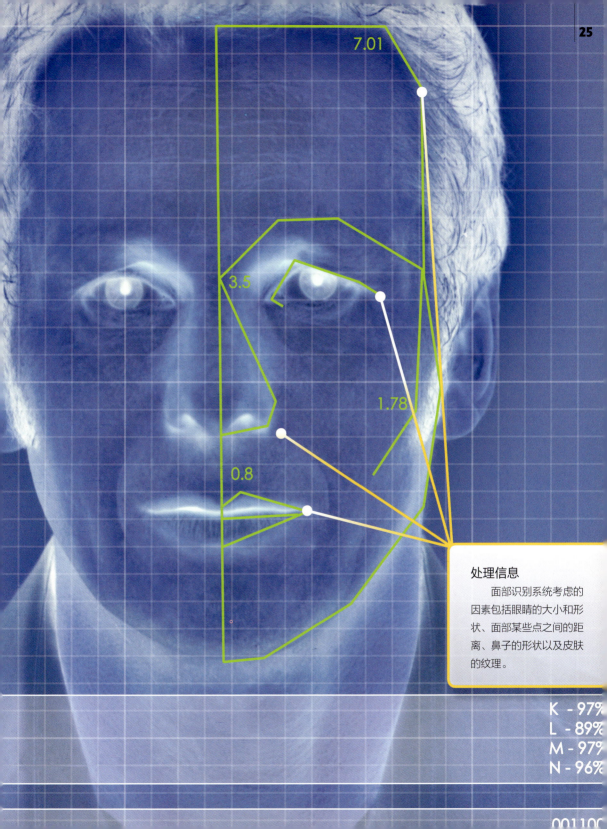

7.01

3.5

1.78

0.8

处理信息

　　面部识别系统考虑的因素包括眼睛的大小和形状、面部某些点之间的距离、鼻子的形状以及皮肤的纹理。

K - 97%
L - 89%
M - 97%
N - 96%

？由你决定

机器人和有助于制造机器人的技术对许多人的生活方式有着重大影响。但是，世界上几乎没有一件事情是百分百正面的。问题在于：机器人研究和科技对人类来说是好处略胜还是坏处更多？这由你决定！

机器人的用处

很多人类不能做和不愿做的工作可以由机器人完成。一些机器人探索地球和更远的领域，帮助人类更加了解周围的环境。并且，有些机器人，如用在医疗手术的机器人，可以拯救生命。

在前线

一些机器人可以识别并拆除炸弹或是地雷。

在家中

机器人还可以应用于家务打扫，它们可以干一些烦琐、脏乱的家务活。

工业机器人

工业机器人可以搬移重物，做精确移动，其能力超过人类。

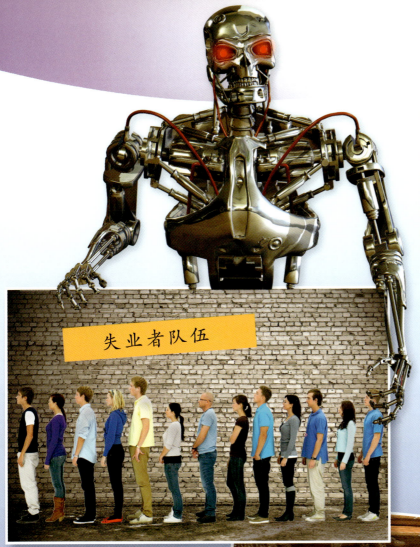

机器人的弊端

科幻小说里满是邪恶机器人或是机器人变得疯狂并开始脱离制造者的控制行动的故事。此外，还有其他一些反对机器人科技的理由，如它们具有会让人类在某些领域变得多余的潜力，其中包括劳动力方面。

失业者队伍

失业

机器人可以不休不眠地工作——除非需要修理——也不会抱怨工作环境。一些行业启用机器人比起使用人类员工要好得多。这会导致人类大批失业。

失控

一些人担心机器人科技会过度发展以至于让机器人学会思考、行动并对自己做出回应。如果这一境况成真，该怎么阻止机器人攻击人类，接管世界呢？

发展时间线

<big>机</big>器人被认为是现代发明，但是创造外形类似人类并能像人类一样工作的机器的想法已有数百年历史。的确，在古希腊文学作品中已有类似机器人的事物被众神使用的说法。

1495年

列奥纳多·达·芬奇（Leonardo da Vinci）创造了一个机械骑士，说明人体活动是可以被模仿的。最近，NASA制造出有类人功能的机器人。

1801年

约瑟夫·雅各（Joseph Jacquard）发明了一种被称为可编程织布机的纺织机器。它通过打孔卡来操纵。这台机器可以完成数人的工作。

1890年

尼古拉·特斯拉（Nikola Tesla）设计出第一台遥控汽车。今天，许多机器人都是通过遥控设备操纵的。

1920年

"机器人"这个词第一次出现在卡雷尔·恰佩克的一部剧本里。该剧名为《罗萨姆的万能机器人》（Rossum's Universal Robots）。

1941年
科幻小说作家艾萨克·阿西莫夫（Isaac Asimov）首次使用单词"机器人学"（robotics），描述机器人科技，并预言了机器人工业。

1976年
机器臂被用在发送往火星探索的维京1号（Viking 1）和2号航天探测器上。

1997年
NASA的开拓者（Pathfinder）登陆火星。一个月内，它发送回16 000多张火星表面图片。

2000年
模仿人体活动的人形机器人由日本公司公诸于世。

2004年
加拿大物理学家和机器人学专家马克·W·蒂尔登博士（Dr. Mark W. Tilden）创造出玩具人形机器人罗本史（Robosapien）。

设计属于你自己的机器人

制造一个机器人或许价格不菲，但却没人会阻止你自己设计一个。

在开始设计属于自己的机器人之前，你需要思考以下几个问题：

1 你的机器人主要用来做什么——例如，是用来娱乐，让它打扫卫生，还是进行高精度工作？

2 它该怎么移动——例如，用腿脚走路，用轮子前进，借轨道滑动，还是通过履带爬行？

3 它用什么驱动——例如，是通过蓄电池、太阳能电池还是发条装置？

4 它有什么特点——例如，光传感器、声音传感器、压力传感器还是摄像头？

一旦你找到了这些问题的答案，就可以设计、描绘出属于自己的机器人了。然后让其他小朋友也这么做，一起比比看吧？

你需要：

☑ 纸张

☑ 铅笔

☑ 橡皮

知识拓展

自动化 (automated)
无需人类直接干预即可运作。

弊端 (cons)
不利条件。

数据库 (database)
信息储存系统。

处理 (disposal)
处理完成某事物的行为。

**人形机器人
(humanoid robot)**
外观类似人类的机器人。

内置 (internal)
里面。

激光粘合 (laser-bond)
通过激光设备将两个物件接合在一起。

织布机 (loom)
用来纺织的机器。

生产 (manufacturing)
制造东西。

机动 (mobility)
移动的能力。

导航 (navigate)
制定路线并随路线行走。

利处 (pros)
有利条件。

机器人学 (robotics)
创造和研究机器人的科学。

太阳能电池 (solar cell)
可以从太阳处收集能量并将其转化为电能的设备。

分光仪 (spectrometer)
检测小块岩石或矿物的设备。

焊 (weld)
通过加热将金属接合在一起。

探索·科学百科™

Discovery EDUCATION™

世界科普百科类图文书领域最高专业技术质量的代表作

小学《科学》课拓展阅读辅助教材

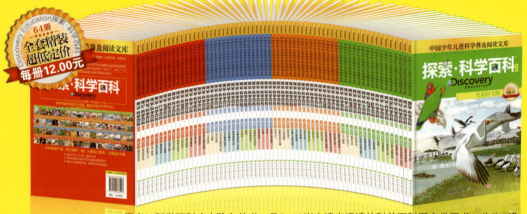

64册
全套精装
超低定价
每册12.00元

Discovery Education探索·科学百科（中阶）丛书，是7~12岁小读者适读的科普百科图文类图书，分为4级，每级16册，共64册。内容涵盖自然科学、社会科学、科学技术、人文历史等主题门类，每册为一个独立的内容主题。

Discovery Education
探索·科学百科（中阶）
1级套装（16册）
定价：192.00元

Discovery Education
探索·科学百科（中阶）
2级套装（16册）
定价：192.00元

Discovery Education
探索·科学百科（中阶）
3级套装（16册）
定价：192.00元

Discovery Education
探索·科学百科（中阶）
4级套装（16册）
定价：192.00元

Discovery Education
探索·科学百科（中阶）
1级分级分卷套装（4册）（共4卷）
每卷套装定价：48.00元

Discovery Education
探索·科学百科（中阶）
2级分级分卷套装（4册）（共4卷）
每卷套装定价：48.00元

Discovery Education
探索·科学百科（中阶）
3级分级分卷套装（4册）（共4卷）
每卷套装定价：48.00元

Discovery Education
探索·科学百科（中阶）
4级分级分卷套装（4册）（共4卷）
每卷套装定价：48.00元